ROLF REINICKE

HIDDENSEE

NATUR & LANDSCHAFT
STRANDFUNDE

DEMMLER VERLAG

Luftbild Alter und Neuer Bessin (September 2022)

HIDDENSEE

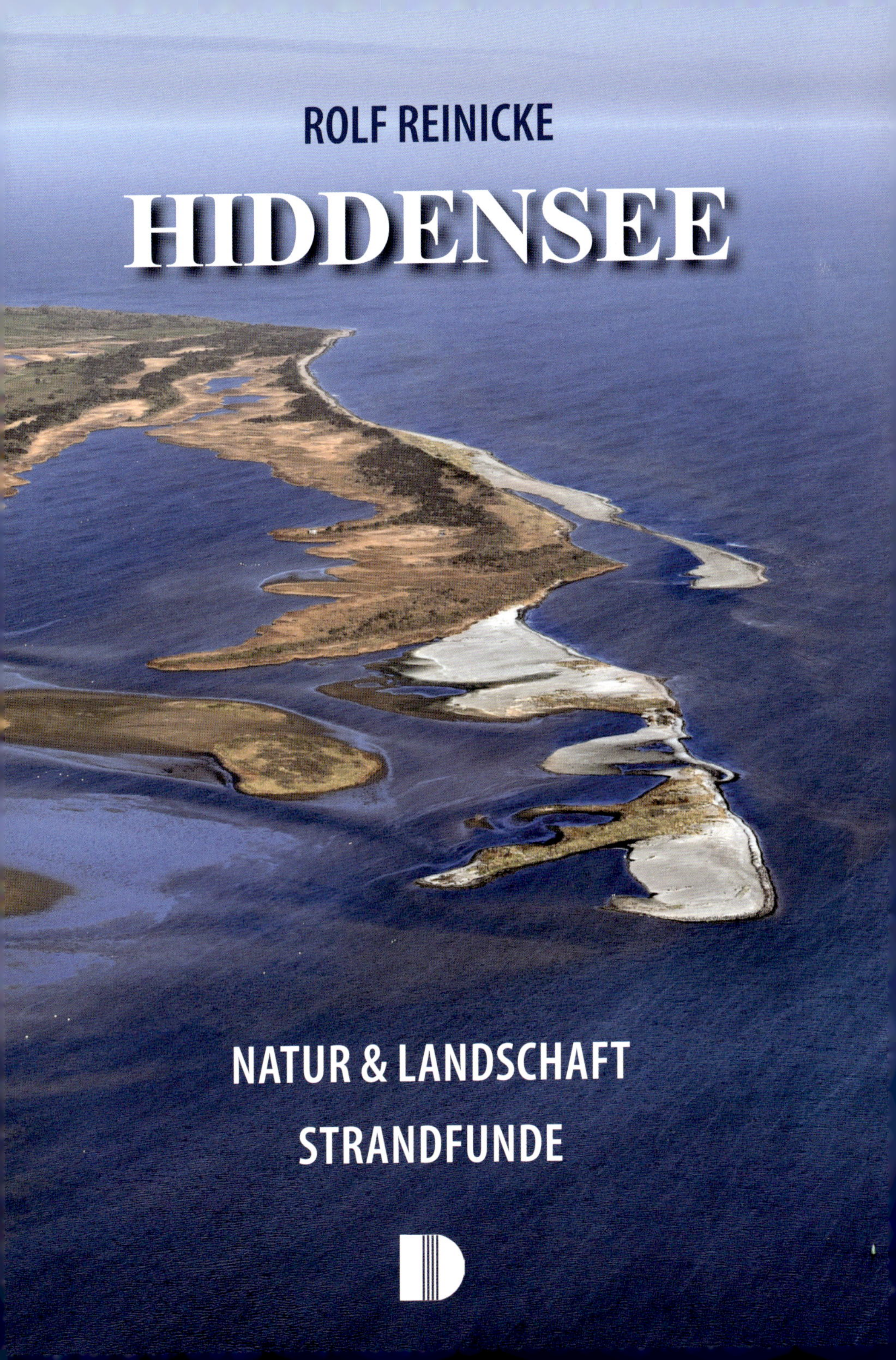

NATUR & LANDSCHAFT

STRANDFUNDE

Bibliographische Informationen
der Deutschen Nationalbibliothek:
Die Deutsche Nationalbibliothek
verzeichnet diese Publikation in der
Deutschen Nationalbibliographie.
Detaillierte bibliographische Daten
sind im Internet abrufbar unter
portal.dnb.de

Texte, Fotos und Layout:
Rolf Reinicke
www.kuestenbilder.de
Lektorat: Inge Reinicke
Grafiken: Matthias Reinicke
www.limedesign.ca

ROLF REINICKE
HIDDENSEE
Natur & Landschaft, Strandfunde
1. Auflage 2023
ISBN: 978-3-944102-46-7

An der Bäderstraße 7c
18311 Ribnitz-Damgarten
www.demmlerverlag.de

Printed by Jelgavas Tipogrāfija, Jelgava/Lettland

Der Autor dankt Katrin Bärwald,
Michael Bugenhagen, Dr. Johannes Gulden,
Ulrich Meßner, Dr. Karsten Obst,
Jürgen Reich und Dr. Lars Tiepold
für ihre sachkundigen Hinweise
bzw. für die Bereitstellung von Fotos.

Cover: Frühling am Leuchtturm
Foto: Inge Reinicke

INHALT

Foto: Blühende Dünenheide

STRALSUND

SCHAPRODE

Schaproder Bodden

Fährinsel

Vitter Bodden

Alter Bessin

Neuer Bessin

GRIEBEN

Ostsee

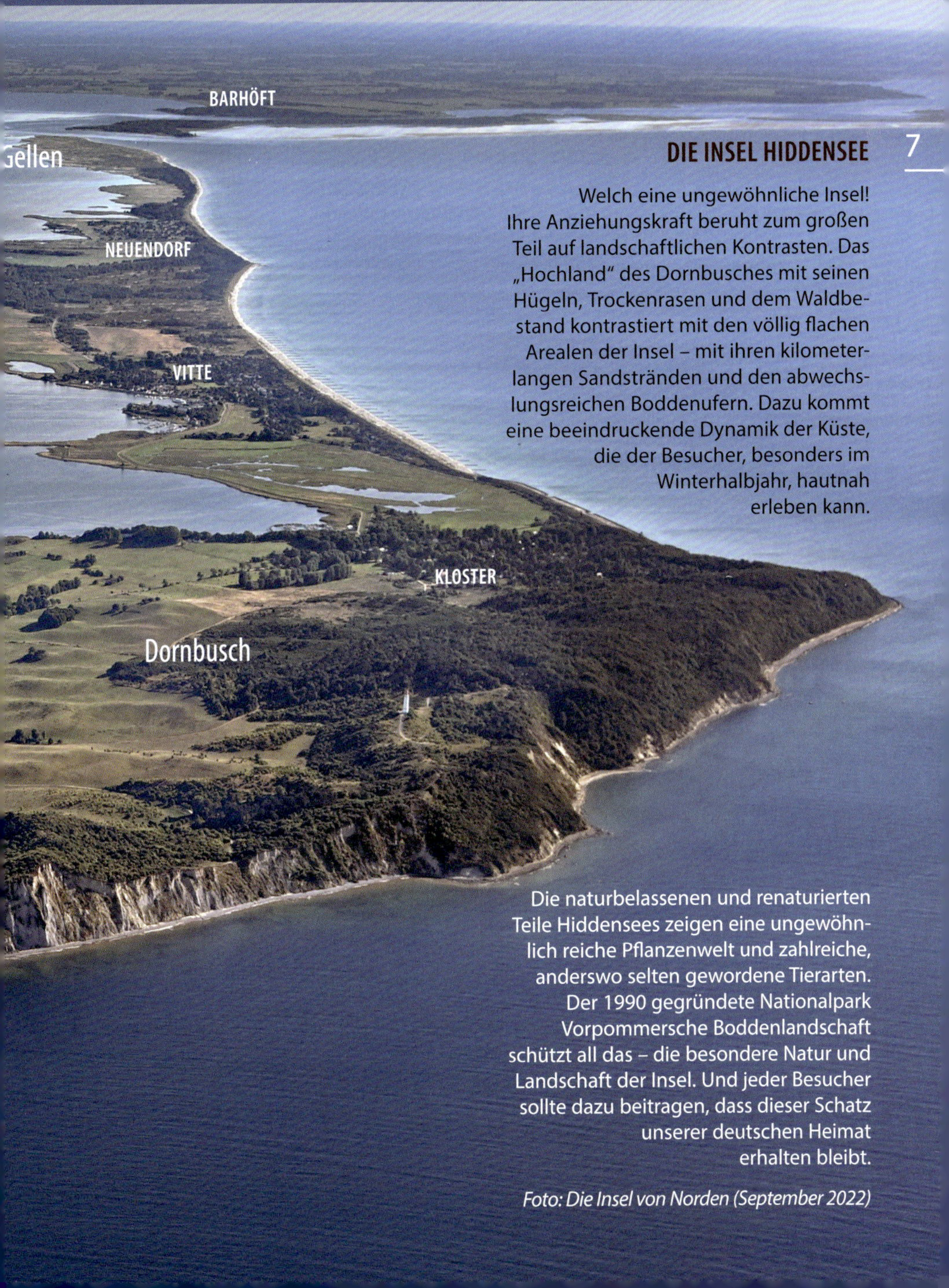

BARHÖFT

Gellen

NEUENDORF

VITTE

KLOSTER

Dornbusch

DIE INSEL HIDDENSEE

Welch eine ungewöhnliche Insel! Ihre Anziehungskraft beruht zum großen Teil auf landschaftlichen Kontrasten. Das „Hochland" des Dornbusches mit seinen Hügeln, Trockenrasen und dem Waldbestand kontrastiert mit den völlig flachen Arealen der Insel – mit ihren kilometerlangen Sandstränden und den abwechslungsreichen Boddenufern. Dazu kommt eine beeindruckende Dynamik der Küste, die der Besucher, besonders im Winterhalbjahr, hautnah erleben kann.

Die naturbelassenen und renaturierten Teile Hiddensees zeigen eine ungewöhnlich reiche Pflanzenwelt und zahlreiche, anderswo selten gewordene Tierarten. Der 1990 gegründete Nationalpark Vorpommersche Boddenlandschaft schützt all das – die besondere Natur und Landschaft der Insel. Und jeder Besucher sollte dazu beitragen, dass dieser Schatz unserer deutschen Heimat erhalten bleibt.

Foto: Die Insel von Norden (September 2022)

DIE OSTSEE

Die Ostsee ist ein kleines **Nebenmeer** des Atlantiks – über Skagerak, Kattegat und Nordsee (Randmeer des Atlantiks) mit ihm verbunden – sie ist also **kein Binnenmeer** wie so oft zu lesen. Die Ostsee zeigt keine Gezeiten, sondern nur unregelmäßige, durch Wind bedingte Pegelschwankungen – Windebbe und Sturmflut (Sturmhochwasser).

Foto: Die Insel von Süden (September 2022)

OSTSEE

Dornbusch

KLOSTER

VITTE

NEUENDORF

Gellen

Bessin

Fährinsel

BODDEN

DIE BODDEN

So wie die Ostsee kein Binnenmeer ist, so ist ein Bodden **kein Binnensee**. Bodden bilden eine **bemerkenswerte Besonderheit**: Sie sind weitgehend, aber nicht vollständig vom Meer abgeschnitten. Sie alle besitzen also eine Verbindung zur freien Ostsee. Selbst wenn manche Bodden stark an Binnenseen erinnern, so enthalten sie doch überall schwach salziges Wasser. Und in allen kann man häufige, aber sehr unregelmäßige, durch Wind verursachte Pegelschwankungen beobachten – genau so wie in der freien Ostsee.

INSELLANDSCHAFT

NATIONALPARK

GESCHÜTZTE NATUR UND LANDSCHAFT

Vom Südrand der Dornbuschhügel reicht die Sicht weit über den Ostteil des Nationalparks – über die flachen Areale Hiddensees, über Meer und Bodden, große Teile der Insel Rügen bis hin zum fernen Festland. Dieser als „Inselblick“ bekannte Aussichtspunkt vermittelt zu jeder Jahreszeit einen anderen, aber immer großartigen Eindruck der vielgestaltigen Insel, die einerseits eine Kulturlandschaft ist, andererseits viele vom Menschen unbeeinflusste oder nicht mehr genutzte Naturareale zeigt. Die durch den Nationalpark weitgehend geschützte Insel ohne privaten Kraftfahrzeugverkehr übt einen besonderen Reiz auf Touristen aus – nicht nur auf Naturfreunde.

großes Foto: Aussicht vom „Inselblick“ zur Zeit der Ginsterblüte

INSELLANDSCHAFT

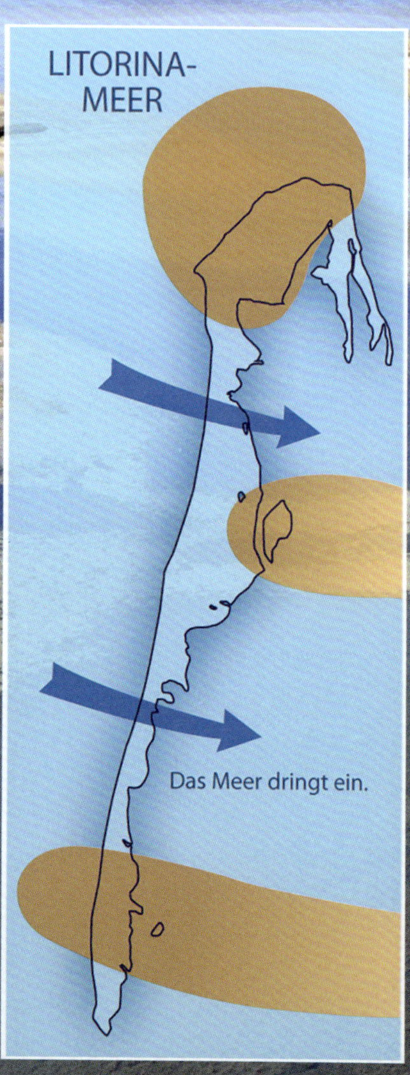

Vor ca. 15.000 Jahren
schmolz das Inlandeis. Schmelzwasserströme durchfluteten das Gebiet. Zwischendurch stieß kurzzeitig eine Eiszunge vor und stauchte dabei die Dornbuschmoräne.

Vor ca. 5.500 Jahren
hatte das Meer bereits die flachen Teile der heutigen Insel überflutet. Drei Inselkerne – ein hoher (der Dornbusch) und zwei flache – ragten noch aus dem Wasser.

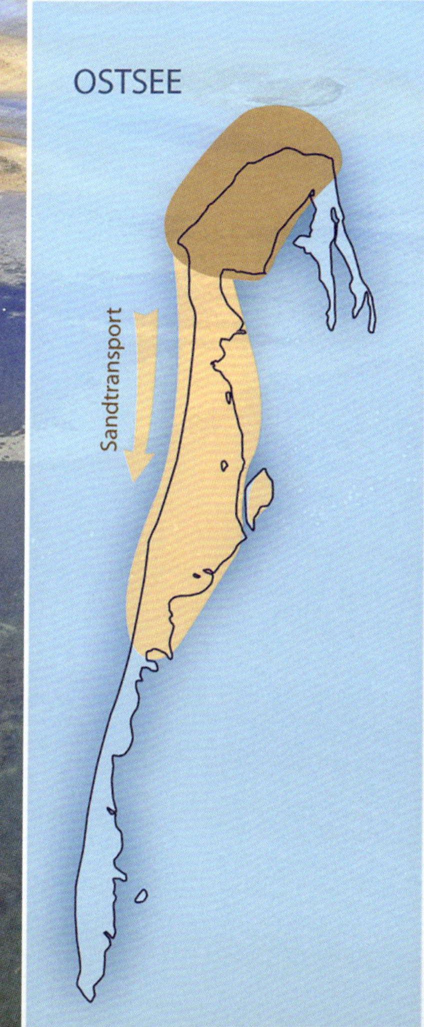

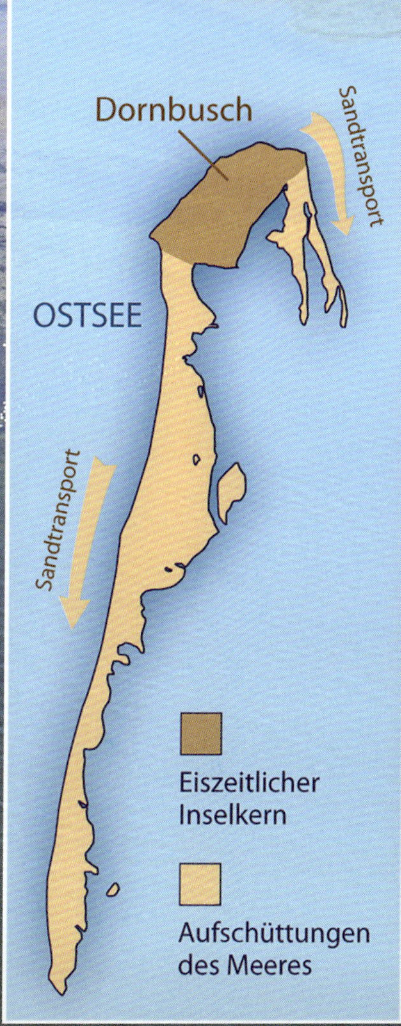

Vor ca. 1.000 Jahren
hatte das Meer den Dornbusch-Inselkern bereits stark abgetragen und südlich von ihm ein großes, breites, sandiges Flachland aufgeschüttet.

Heute
trägt das Meer den Dornbusch-Inselkern weiter ab. Am Gellen im Süden und am Neuen Bessin im Nordosten baut es beständig neues Land auf.

Hintergrundfoto: Bessinsche Schaar

DER DORNBUSCH

DER LEUCHTTURM

Erbaut 1887/88
Höhe: 27,5 m
Reichweite: ca. 48 km
Kennung: 0.8 sec. hell
9,2 sec. dunkel

Die goldgelb blühenden Büsche des Besenginsters verleihen den Dornbuschhügeln im Frühsommer einen besonderen Reiz.

Sommerwurz – eine seltene Schmarotzerpflanze ohne Blätter und Blattgrün blüht stellenweise am Fuße der Hügel.

MORÄNENHÜGEL

Vom Bodden her langsam ansteigend und zum Meer hin mit einem hohen, steilen Kliff abstürzend, erreichen die vom Leuchtturm bekrönten Hügel am Bakenberg eine Höhe von 72 Meter. Von der Kante des Hochufers aus reicht der Blick bei guter Sicht bis zum Kreidekliff der dänischen Insel Møn. Der Höhenrücken entstand vor etwa 15.000 Jahren und ist eine der jüngsten eiszeitlichen Bildungen an unserer Küste. Über lange Zeit – bis ins Mittelalter hinein – war er mit prächtigem Laubwald bewachsen. 1628 aber wurde er im Zuge kriegerischer Auseinandersetzungen vollständig abgeholzt. Danach wuchs auf den Hügeln nur noch Gestrüpp – eben Dornbusch. Erst ab Mitte des 19. Jh. pflanzte man den heutigen Dornbuschwald (Foto S. 34). Die übrigen Flächen blieben beweideter Trockenrasen, in Steilufernähe mit dichtem Gestrüpp aus Schlehdorn, Weißdorn, Sanddorn und Holunder bewachsen. Um Grieben herum gab es früher auch Felder. Heute sorgt man durch Beweidung und Mahd dafür, dass die Landschaft ihren besonderen Charakter behält.

großes Foto: Blick nach Norden

DER DORNBUSCH

STAUCHENDMORÄNE

Erst kurz vor dem Ende der Eiszeit, vor etwa 15.000 Jahren, stauchte eine Eiszunge wie eine gigantische Planierraupe die hier vorhandenen, tiefgefrorenen Ablagerungen schollenartig zusammen (S. 12). Daher bezeichnet man den Dornbusch als Stauchendmoräne. Die Hügel bekamen erst ihre heutige Form, als das Ganze schließlich taute.
Die Abtragung durch das Meer bewirkte, dass der Dornbusch in den vergangenen 5.500 Jahren mehr als die Hälfte seiner Größe verlor. Das Dornbuschkliff ist ein „geologisches Schaufenster", das den inneren Bau und die Ablagerungen in hervorragender Weise erkennen lässt.

großes Foto: Das Dornbuschkliff an seiner höchsten Stelle. – Es ist mit etwa 60 m eines der höchsten aktiven Steilufer aus eiszeitlichen Ablagerungen an der deutschen Küste. (Luftbild Juli 2012)

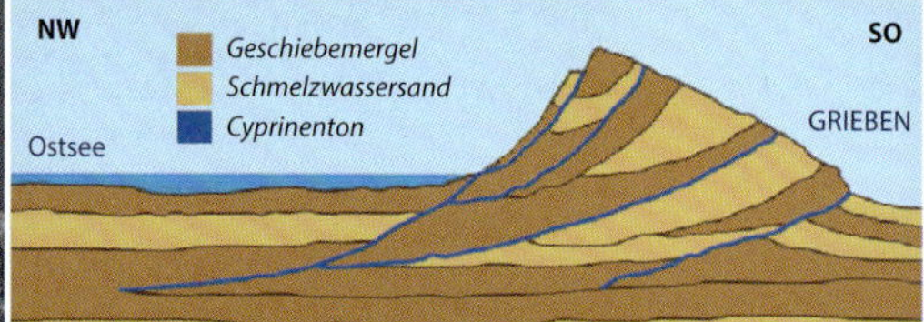

Geologischer Schnitt (Schema) durch den Dornbusch. – Schon bei der Stauchung bildete der Cyprinenton (S. 21) eine Gleitschicht. (nach G. MÖBUS)

GRUNDMORÄNE

Am Grunde des sich beständig vorschiebenden Eises schmolzen die eingelagerten Feststoffe aus und bildeten dort eine plastische, teigartige Grundmasse aus feinsten Ton- und Kalkpartikeln – einen **Mergel**. Darin sind **Geschiebe** aller Art und Größe wie die Rosinen im Kuchenteig eingelagert – deshalb **Geschiebemergel.** Er enthält außerdem unterschiedliche Mengen von Schluff, Sand und Kies.
Der später durch Entwässerung verfestigte Geschiebemergel wurde also am Grunde des Eises gebildet und heißt daher **Grundmoräne**.

großes Foto: aktives Kliff am Toten Kerl

GESCHIEBEMERGEL

Die am weitesten verbreitete eiszeitliche Ablagerung besteht aus einer Grundmasse feinster Ton- und Kalkpartikel. Das Verhältnis von Ton und Kalk kann sehr unterschiedlich sein. Entsprechend verschieden ist dadurch seine Farbe – dunkelgrau, blaugrau oder grünlichgrau. Ebenfalls uneinheitlich ist die Menge der eingelagerten „Zuschlagstoffe" – Schluff, Sand, Kies und Geschiebe.

SCHMELZWASSERSAND

Beim Tauen des Inlandeises wurden gewaltige Schmelzwassermassen frei. Sie wuschen den Sand aus den lockeren Ablagerungen und transportierten ihn oft über weite Strecken. Dort, wo das Wasser seine Transportkraft verlor, entstanden Schichten von Schmelzwassersand. Sie liegen in der Grundmoräne, aber auch auf ihr.

EISZEITLICHE ABLAGERUNGEN

GESCHIEBELEHM

Geschiebelehm ist verwitterter Geschiebemergel. Durch die Wirkung der im einsickernden Niederschlagswasser gelösten Kohlensäure wird der Kalk aus dem zuoberst lagernden Geschiebemergel gelöst. Außerdem oxidiert das reichlich enthaltene Eisen-2-Oxid zu Eisen-3-Oxid. Dadurch kommt es zu dem markanten Umschlag von grauen zu braunen Farbtönen – die nunmehr kalkfreie Ablagerung „rostet".

GESCHIEBE

Vom Eis geschobene und aus dem Geschiebemergel/Geschiebelehm herausgewaschene Gesteinsbrocken.

„DER GUTE TON VON HIDDENSEE“

Zwischen den eiszeitlichen Ablagerungen des Dornbusches liegen Schichten eines fetten, grünen Tones – abgelagert in einem kalten Meer, eines Vorläufers der Ostsee, der während der Eiszeit existierte. Nach der in ihm eingeschlossenen Islandmuschel *Cyprina islandica* nennt man ihn Cyprinenton.
Weil der Ton bei Durchfeuchtung stark quillt, bildet er regelrechte Rutschbahnen im Kliff. Dadurch kommt es in niederschlagsreichen Zeiten zum ganz langsamen Abgleiten riesiger bewachsener Schollen. Auf diese Weise entstehen an manchen Stellen am bewaldeten Steilufer (S. 26/27) südlich der Klausnertreppe und auch direkt am Leuchtturm deutlich erkennbare Geländestufen.
Am Fuße des Steilufers wird der plastische Ton herausgequetscht (Foto). Das war bereits vor über 250 Jahren so. Damals hatte der Stralsunder Kaufmann ULRICH GIESE (seit 1754 Eigentümer der Insel) den als Keramikrohstoff hervorragend geeigneten Ton auf seinem Besitz entdeckt. Bereits wenig später wurde er hier an der Außenküste abgebaut, mit Lasttieren zum Schwedenhagen transportiert, dort geschlämmt und auf Schuten nach Stralsund verschifft. In GIESEs dafür errichteter Keramikfabrik entstanden von 1755 bis 1792 aus dem „guten Ton von Hiddensee“ die legendären Stralsunder Fayencen – Porzellan-Imitate, Tonwaren mit weißer, deckender Glasur und prächtiger Bemalung. Stralsunder Fayencen kann man heute in der Ausstellung des Stralsund Museums bewundern.

großes Foto: Cyprinenton am Fuße des Kliffs, etwas nördlich der Huckemauer

Geschiebemergel
Stralsunder Fayence
Cyprinenton
(feucht)
Cyprinenton
(trocken)
Islandmuschel
Cyprina islandica

ZERSTÖRUNG DES STEILUFERS

Das nördliche Dornbuschkliff unterliegt einer beständigen Abtragung. Weil Mergel und Lehm im trockenen Zustand relativ standfest sind, bilden sie manchmal senkrechte Steiluferwände. Nach einer langen Regenzeit oder der Schneeschmelze gibt es an solchen Steilufern häufig Rutschungen und Schlammströme. In das Steilufer eindringendes Wasser lässt Mergel und Lehm aufweichen. Dadurch verlieren sie ihre Festigkeit und beginnen zu rutschen oder sogar langsam zu fließen. Bei Frost wird das Ganze noch verstärkt – es kommt zu Abbrüchen. Die so entstehenden Kliffhalden können ein Volumen von einigen tausend Kubikmetern haben. Es dauert oft viele Jahre, bevor sie vom Meer aufgearbeitet sind.

großes Foto: Abbruch am „Toten Kerl" im nördlichsten Teil des Dornbuschkliffs (August 1994)

Mai 1985

ABBRUCH

Alle Ablagerungen am Kliff sind von feinen Rissen durchzogen. Dringt auf ihnen Niederschlagswasser ein, so kann es bei durchfrierendem Boden zu Frostsprengungen kommen.

GEFAHREN AN DER STEILKÜSTE

Am Steilufer des Dornbusches gibt es häufig Abbrüche, Rutschungen und Steinschläge. Dadurch ist jeder gefährdet, der sich am Geröllstrand vor den Steilufern aufhält. Besonders gefährlich ist es dort
- nach starken Niederschlägen
- nach Frost
- bei Sturm
- während und nach Hochwasser.

Auch vorspringende Kliffkanten am Hochufer können abstürzen. Bitte beachten Sie entsprechende Hinweise und respektieren Sie Absperrungen und Verbote – sie dienen Ihrer eigenen Sicherheit.

Sie betreten den Strand unter dem Hochufer stets auf eigene Gefahr!

RUTSCHUNG

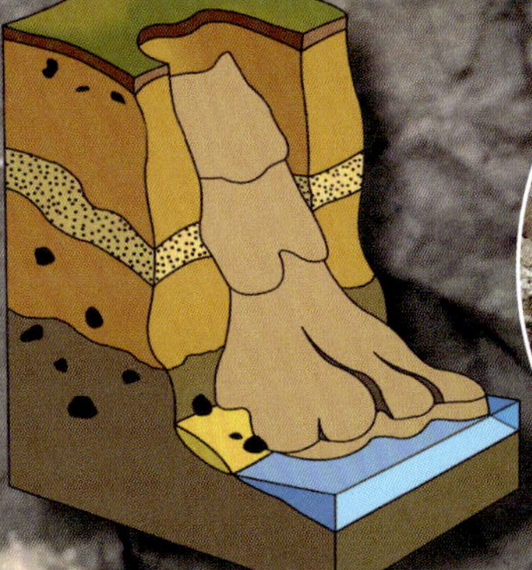

Mai 1985

Ist das Steilufer stark durchfeuchtet, so kann es zum Bodenfließen kommen – zu Schlammströmen, die oft bis ins Wasser reichen und alsbald weggespült werden. Getrocknete Schlammströme werden hart und sind dann manchmal sogar begehbar. Ob sie dafür ausreichend fest sind, merkt man rasch.

DER DORNBUSCH

Bedingt durch die Höhe des Kliffs fallen bei dessen Abtragung große Mengen von Sand an, aus dem sich auch die beiden Bessine bildeten. (Grafik nach G. MÖBUS)

ABTRAGUNG ,TRANSPORT, ABLAGERUNG

Die durch Rutschungen und Abbrüche auf dem Strand angehäuften Lockermassen werden immer wieder vom Meer weggespült. Abhängig von Niederschlägen und Sturmfluten wechseln Zeiten verstärkter Küstendynamik mit solchen der Ruhe. Manchmal bewachsen sogar die Lockermassen am Fuße des Kliffs zwischendurch. Insgesamt weicht das Steilufer am Dornbusch durchschnittlich um 30 cm pro Jahr zurück – also um 30 m pro Jahrhundert.

Beim Transport werden die feineren Bestandteile der eiszeitlichen Ablagerungen (Ton, Schluff) weit ins Meer hinaus gespült. Sand und Kies wandern mit der Strömung längs des Ufers und werden an Stellen abgelagert, an denen das Wasser seine Transportkraft verliert. So entstanden die Sandhaken der Insel – Bessine und Gellen.

Foto: Dornbuschkliff am Enddorn in einer Zeit verstärkter Küstendynamik (August 1994)

DER DORNBUSCH

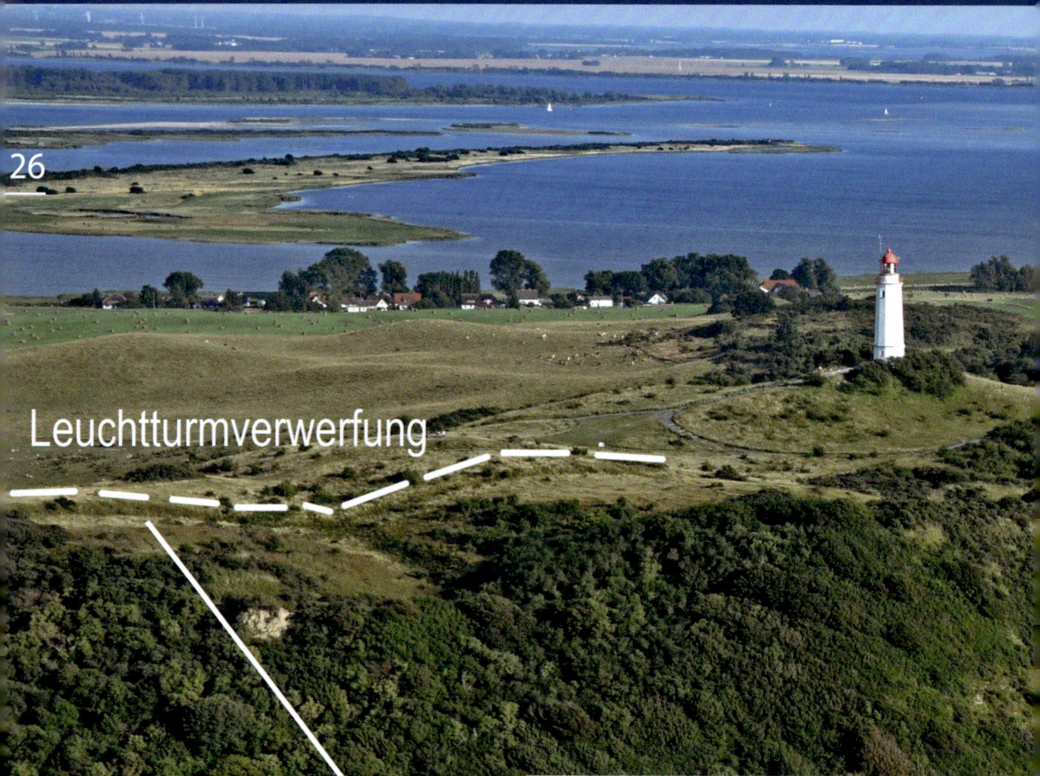
Leuchtturmverwerfung

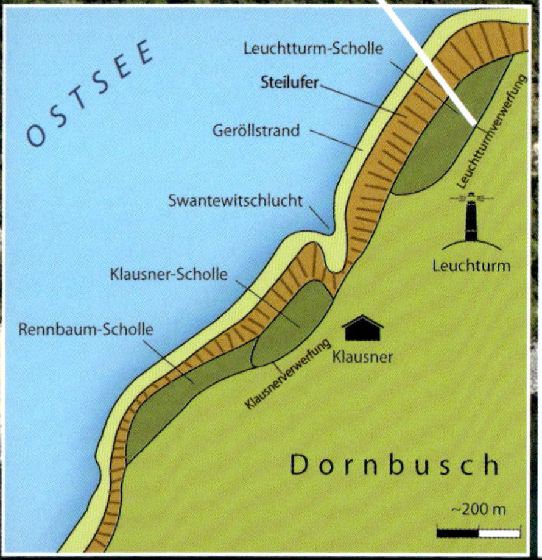
OSTSEE
Leuchtturm-Scholle
Steilufer
Geröllstrand
Leuchtturmverwerfung
Swantewitschlucht
Leuchtturm
Klausner-Scholle
Rennbaum-Scholle
Klausnerverwerfung
Klausner
Dornbusch
~200 m

Leuchtturmscholle und Klausnerscholle sind riesige Erdmassen, die an den Verwerfungen langsam zum Meer hin abgleiten.

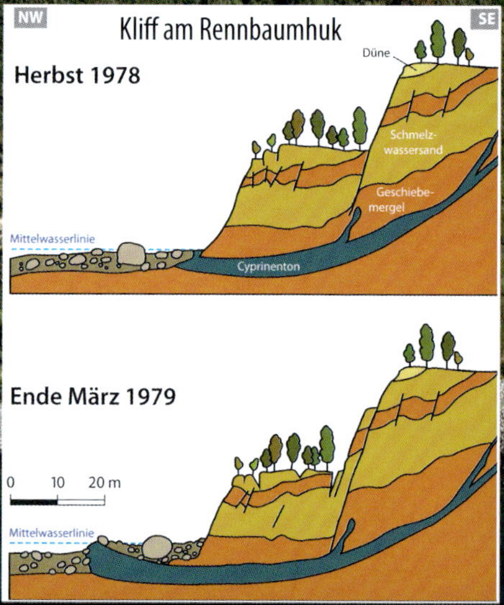
NW
Kliff am Rennbaumhuk
SE
Herbst 1978
Düne
Schmelz-wassersand
Geschiebe-mergel
Mittelwasserlinie
Cyprinenton
Ende März 1979
0
10
20 m
Mittelwasserlinie

Beispiel für das Abgleiten einer Großscholle auf Cyprinenton mit Grundbruch. (nach G. MÖBUS)

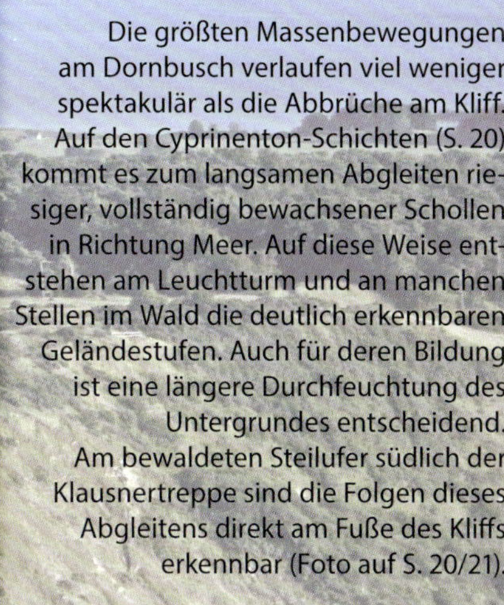

RUTSCHUNGEN AM STEILUFER

Die größten Massenbewegungen am Dornbusch verlaufen viel weniger spektakulär als die Abbrüche am Kliff. Auf den Cyprinenton-Schichten (S. 20) kommt es zum langsamen Abgleiten riesiger, vollständig bewachsener Schollen in Richtung Meer. Auf diese Weise entstehen am Leuchtturm und an manchen Stellen im Wald die deutlich erkennbaren Geländestufen. Auch für deren Bildung ist eine längere Durchfeuchtung des Untergrundes entscheidend. Am bewaldeten Steilufer südlich der Klausnertreppe sind die Folgen dieses Abgleitens direkt am Fuße des Kliffs erkennbar (Foto auf S. 20/21).

großes Foto: Dornbuschkliff im Juli 2012

am Wanderweg

am Klausner

Nach vielen niederschlagsreichen Monaten kam die Klausner-Scholle im Winter 2011/2012 wieder in Bewegung. Bei diesem langsamen Abgleiten entstanden neue, teilweise meterhohe Geländestufen. Die Fotos wurden Ende Januar 2012 aufgenommen.

BOTEN AUS DEM NORDEN

Viele Millionen Tonnen Gesteinsbrocken brachte das Inlandeis aus dem Norden mit – nordische Geschiebe. Die meisten sind im Geschiebemergel eingeschlossen. Werden sie vom Meer aus den Abbruchmassen herausgewaschen, so bilden sie einen Geschiebestrand. Weil das Wasser die größeren Blöcke kaum bewegen kann, gelangen diese mit zurückweichender Küste langsam ins Flachwasser.
Die Masse der Geschiebe sind kristalline Gesteine (S. 30) aus Skandinavien – die meisten älter als eine Milliarde Jahre. Hiddensees Geschiebestrand gilt als besonders vielfältig. Mit **„Steine am Ostseestrand"** (S. 80) kann man viele der hier vorkommenden Gesteine selbst bestimmen.

großes Foto: Geschiebeblockstrand vor der Svantevitschlucht

An der Basis des Steilufers wurde ein tonnenschweres Geschiebe aus dem Geschiebemergel ausgewaschen.

KRISTALLINE GESTEINE

Magmatische Gesteine (Granit, Porphyr) und metamorphe Gesteine (Gneis, Amphibolit) sind die häufigsten der größeren Geschiebe am Strand. Als größte Brocken (Findlinge) findet man Granit und Gneis. Hiddensees größter Findling, ein etwa 30 Tonnen schwerer Granitklotz, liegt kurz hinter dem Ende der Huckemauer im Flachwasser.

ABLAGERUNGSGESTEINE

Weil die meisten dieser Gesteine weicher sind als die kristallinen, wurden viele vom Eis zerrieben. Größere Exemplare sind daher selten. Das gilt besonders für den sehr harten, aber spröden Feuerstein. Dessen Knollen sind zahlenmäßig die häufigsten Strandgerölle. Manche der Ablagerungsgesteine, besonders Kalksteine, enthalten Fossilien.

Sandstein

Feuerstein

Kalksandstein mit Fossilien

Kalkstein

FOSSILIEN IN GESCHIEBEN

Einige Ablagerungsgesteine, besonders Kalksteine, enthalten Fossilien. Diese sind manchmal von außen zu erkennen. Dem Laien sei empfohlen, solche Stücke nicht mit dem Hammer zu zerschlagen. Einerseits bringt es vielfach nicht das erhoffte Ergebnis – andererseits ist das Zerschlagen von Gesteinen im Nationalpark ebenso unerwünscht wie der Abtransport größerer Geschiebe. Das Sammeln kleiner loser Fossilien wird dagegen toleriert. Mit **„Fossilien am Ostseestrand"** (S. 80) kann man viele der hier vorkommenden Fossilien selbst bestimmen.

Muschelabdruck auf Feuerstein *Kreide*

Brachiopodenkal *Silu*

Orthocerenkalk mit Kopffüßer *Ordovizium*

Kalksandstein mit Fossilien *Tertiär*

Dankalk mit Korallen *Tertiär*

FOSSILIEN AUS DEM STRANDKIES

Am Geröllstrand gibt es Stellen, an denen Kies angereichert ist. Darin findet man manchmal Feuersteinkerne von Seeigeln, Bruchstücke von Donnerkeilen und die nur einige Millimeter bis wenige Zentimeter großen Kleinfossilien. Sie stammen aus der weißen Schreibkreide, die als größere oder kleinere Brocken im Geschiebemergel eingelagert ist – oft als weiße Flecke am Kliff erkennbar.

Am südlichen Ende der Huckemauer schließt der bis zum Harten Ort reichende Steinwall an.

Signalmasthuk

Rennbaumhuk

Die Hucke

Steinbuhne

Huckemauer

kleines Foto

FOLGENSCHWERER KÜSTENSCHUTZ

Die Huckemauer, erbaut 1936–39, gilt als Beispiel für unbeabsichtigte, ja sogar verhängnisvolle Veränderungen der Küste durch den Menschen. Aus gewaltigen Spaltblöcken mörtellos zusammengefügt, war sie als Anfang einer langen Mauer gedacht, die das gesamte Dornbuschkliff vor Abtragung schützen sollte. Nachdem der erste, 440 Meter lange Teil vor der Hucke fertig war, kam hier die Abtragung zum Stillstand. Das Steilufer verflachte und bewuchs. Dafür aber trug jetzt das Meer den von der natürlichen Sandzufuhr isolierten Badestrand vor Kloster recht schnell ab. Zurück blieb lediglich Geröll. So musste man die Huckemauer bereits 1951 mit einem Steinwall bis zum Harten Ort vor Vitte verlängern und dahinter Sand aufspülen.

SOMMERSTRAND BEI SONNENSCHEIN

Am Strand von Hiddensee, im Sommer bei Sonnenschein, weitab vom Alltag – welch schöner Traum. Der kilometerlange Sandstrand der Insel erscheint als natürliche Gegebenheit. Das war aber nur früher so, vor dem Bau der Huckemauer. Heute wird dem alljährlich im Sommer wiederkehrenden Urlauber auffallen, dass sein beliebter Strand von Jahr zu Jahr etwas schmaler wird – und dann plötzlich wieder ganz breit ist. Tatsächlich trägt das Meer bei jeder Sturmflut viel Sand ab und verfrachtet ihn parallel zum Ufer nach Süden. Neuer Sand kommt aber von allein nicht dazu, weil der Strand von der natürlichen Zufuhr abgeschnitten ist. Ohne Sandaufspülung gäbe es auf Hiddensee alsbald kaum noch Strände.

Foto: Sommerstrand vor Vitte

Außenstrand mit Buhnenfeld und „versteinertem" Dünendeich vor Vitte – Bild einer vom Menschen gestalteten Küste.

WINTERSTRAND BEI STURMFLUT

Der Sommerurlauber kann sich kaum vorstellen, mit welcher Gewalt die im Sommer so friedliche Ostsee bei einem Wintersturm gegen die Küste brandet. Kommt dann noch erhöhter Wasserstand hinzu, gibt es eine Sturmflut. Die kann sich bei Wind aus westlicher Richtung besonders stark auswirken, trifft er doch dann auf die „Breitseite" der Insel.
Die Sturmflutkatastrophen in der jüngeren Geschichte führten auf Hiddensee immer wieder zu Überflutungen mit schwersten Schäden – am schlimmsten im November 1882 als alle flachen Teile der Insel überschwemmt waren und es katastrophale Verwüstungen gab.

Bei einer Sturmflut brandet die Ostsee gegen den Dünendeich, der als „Opferdüne" einen Durchbruch verhindert.

NEUER STRAND

1962 drohte bei einer schweren Sturmflut zwischen Kloster und Vitte ein Durchbruch. Jetzt musste man handeln. Als aufwändiger Schutz entstand 1971–80 vom Harten Ort aus vor Vitte ein über zwei Kilometer langer Deich mit „Rauhdeckwerk". Der aufgeschobene Wall erhielt seeseitig eine Abdeckung aus Betonplatten mit aufgesetzten Granitspaltblöcken als Wellenbrecher und obenauf einen asphaltierte Promenade. Das Ganze war anfangs schrecklich anzusehen. Danach wurden große Mengen von Sand aufgespült. Heute verdecken aufgewehter Sand und angepflanzter Strandhafer die darunter liegende Konstruktion. Falls künftig eine schwere Sturmflut erneut allen Sand wegträgt, wird das trostlose Bild einer „versteinerten" Küste wohl wieder einmal zu Tage kommen.

Weil das Meer unablässig Sand nach Süden transportiert, muss etwa einmal im Jahrzehnt der nördliche Strand der Außenküste erneuert werden. Bei einer solchen teuren Aufspülung sorgt man dafür, dass auch ein gewisser Vorrat an Sand vorhanden ist, um dem Meer ausreichend „Nahrung" für die nächsten Jahre zu bieten. Auch wenn man meint, dass dieser Strandsand zuerst für die Sommerurlauber aufgespült wird – er dient in erster Linie dem Küstenschutz.

großes Foto: Strandaufspülung vor Vitte 2015 (Foto: Archiv Boskalis Hirdes)

Nach mehreren Sturmfluten „ausgeräumter" Strand und Deich vor Vitte im Sommer 1986 – der Sand wurde abgetragen, der Deich mit dem Rauhdeckwerk aber nicht beschädigt.

BUHNEN

Vom Harten Ort bis zur Südspitze des Gellenwaldes gibt es fast 80 Buhnen. Sie sollen die Verfrachtung von Sand längs des Ufers einschränken. Jedenfalls verlangsamen sie diesen Vorgang – für eine gewisse Zeit. Nach etwa 30 Jahren müssen sie ersetzt werden. Auf Hiddensee war das in jüngster Zeit teilweise vorfristig erforderlich, weil Bohrmuscheln die Buhnenpfähle aus Kiefernholz zerfressen hatten. Die Bohrmuschel hat sich seit 1993 in der Ostsee sehr stark vermehrt und ist vom Westen nach Osten vorgedrungen.

großes Foto: Buhnenfeld vor Neuendorf – hier sichert ein Steinwall den Dünendeich.

Foto links: von Bohrmuscheln zerfressener Buhnenstamm (Foto: Michael Bugenhagen)

Neubau von Buhnen 2012 vor Neuendorf. – Die neuen Buhnen bestehen aus zertifiziertem Hartholz, dem die Bohrmuscheln nichts anhaben können. (Fotos: Michael Bugenhagen)

Südlich Neuendorf sichert ein gepflasterter Boddendeich die Stelle, an der es 1864 einen Durchbruch gab.

AM AUSSENSTRAND

SALZWASSERFEST

An den nicht ständig begangenen Stellen des Strandes wachsen „Salzpflanzen". Im Gegensatz zu allen anderen Pflanzen kommen sie gut mit dem salzigen Meerwasser zurecht, dem sie immer wieder ausgesetzt sind.
Der schön blühende Meersenf und das extrem stachelige Kali-Salzkraut bevorzugen den nackten Strandsand. Strandhafer wächst besonders in den Dünen. Sein dichtes feines Wurzelwerk befestigt den Sand. Deshalb wird er dort auch angepflanzt.
Mit **„Pflanzen am Ostseestrand"** (S. 80) lassen sich auch andere Strandpflanzen auf Hiddensee bestimmen.

großes Foto: sommerlicher Salzpflanzen-Bewuchs auf dem Strand nahe Neuendorf

Meersenf

Strandhafer
Strandroggen
Kali-Salzkraut

MUSCHELN, SCHNECKEN, KRABBEN...

So reich wie an der Nordsee sind die Funde am Ostseestrand nicht – auch nicht auf Hiddensee. Der von West nach Ost abnehmende Salzgehalt des Ostseewassers ist der Grund, dass man hier nur die Schalen weniger Muschelarten und nur die Gehäuse einer einzigen größeren Schneckenart findet. Und sie sind deshalb auch kleiner als an der Nordsee.
Die hellschaligen Muschelarten der Ostsee leben im Sand eingegraben: **Sandklaffmuschel**, **Herzmuschel** und **Baltische Plattmuschel**.
Die dunkelschaligen **Miesmuscheln** findet man hauptsächlich auf Steinen oder Buhnenpfählen festgewachsen.
Die auf Hiddensee meist nur zentimetergroße **Strandschnecke** hat hier ihre östliche Verbreitungsgrenze. Ebenso die **Strandkrabbe**, die nicht auf dem Strand, sondern zwischen den Steinen im Flachwasser lebt.
Ohrenquallen werden im Spätsommer oft massenhaft am Strand angespült. Anders als die seltene gefährliche **Gelbe Nesselqualle** sind sie völlig harmlos.

großes Foto: mit Muschelschalen bedeckter Spülsaum vor Vitte (März 1993)

Miesmuschel

Strandschnecke

Ohrenquallen im Flachwasser

Rückenschilde von Strandkrabben

Baltische
Plattmuschel
Herzmuschel
Sandklaffmuschel
Strandkrabbe
(„Dwarslöper“)

ROLLHOLZ, SEEGLAS, HÜHNERGÖTTER...

Zwischen dem Kies am Außenstrand findet der ausdauernde Strandwanderer hin und wieder beliebte Urlaubssouvenirs: **Hühnergötter**, also durchlöcherte Feuersteine, die als Glücksbringer gelten. Auch Seeglas, zwischen dem Strandsand in der Brandung abgeschliffene Glasscherben, erfreut sich großer Beliebtheit. Beides ist recht selten geworden – zu groß ist die Zahl der Suchenden. Interessant geformte Hölzer, oft dort zu finden, wo auch Bernstein angespült wird (S. 52), lassen sich kreativ verwenden. Selbst frisch ausgeworfener und so getrockneter Blasentang kann durchaus dekorativ sein. Mit **„Funde am Ostseestrand"** (S. 80) kann man Strandfunde aller Art selbst bestimmen.

großes Foto: Sturmfluten haben den Sand vor Vitte stellenweise ausgewaschen und Geröll hinterlassen. (März 1993)

Rollholz

BERNSTEINFIEBER

Hiddensee gilt als **die** „Bernsteininsel". Die besten Fundmöglichkeiten bestehen im Winterhalbjahr, unmittelbar nach einem auflandigen Sturm. Lässt der Wind nach, so wird an bestimmten Stellen das Rollholz mit Bernstein ausgeworfen. Dann heißt es allerdings, rechtzeitig zur Stelle zu sein, denn die Zahl der Interessenten ist groß – vielfach herrscht an den besonders fündigen Strandabschnitten regelrechte Goldgräberstimmung – besonders am Harten Ort und am Hassenort. Hin und wieder hat hier sogar die „Nachlese" Tage später Erfolg. Dabei wird das inzwischen getrocknete Rollholz nochmals gründlich durchsucht und so manches schöne Stück gefunden, das anfangs übersehen wurde.
Einige Bernsteinsammler werden zu „Bernsteinfischern". Mit einem Kescher holen sie das im Wasser treibende Rollholz heraus und kippen es auf den Strand. Oft lohnt sich diese Mühe.

großes Foto: sommerliches Bernsteinfischen am Harten Ort (Foto: Karsten Obst)

Das nach einem Sturm ausgeworfene Rollholz wird immer wieder neu durchsucht – bis schließlich nur noch Exemplare von Streicholzkuppengröße gefunden werden.

Bernstein im frisch ausgeworfenen Rollholz

Prächtige Fundstücke vom Hiddensee-Strand

AM AUSSENSTRAND

GOLD DES MEERES

Bernstein ist ein fossiles, versteinertes Harz. Er entstand vor ca. 40 Millionen Jahren aus dem Harz von Nadelbäumen, die im nördlichen Ostseeraum wuchsen. Nach mehreren Umlagerungen gelangte Bernstein auch in die eiszeitlichen Ablagerungen. Werden diese an Steilufern wie dem Dornbusch abgetragen, gelangt der Bernstein ins Wasser. Dort lagert er am Meeresboden. Bei einem Sturm kommt er in Schwebe und wird mit der Brandung auf den Strand geworfen. Lässt die Wellenbewegung nach, so bleibt ein Teil des Bernsteins dort zurück – zusammen mit Material etwa gleicher Dichte: Holzreste, Miesmuschelschalen, grobe Tangreste – dem sogenannten Rollholz. Das wird hauptsächlich als dunkle Streifen am Sandstrand angespült. Zwischen dem Strandgeröll findet man nur ausnahmsweise Bernstein.

großes Foto: Arrangement von Bernstein mit anderem typischen Angespül
rechts: verschiedene Bernstein-Varietäten mit ihren traditionellen Handelsnamen

Die sicherste Probe, um Bernstein von ähnlich aussehenden Funden zu unterscheiden: in einer Salzlösung schwimmt der Bernstein, alles andere sinkt zu Boden.

Einige wenige klare Stücke enthalten Inklusen – winzige Einschlüsse, meist von Insekten.

Dornbusch
KLOSTER
Harte(r) Ort
VITTE
Dünenheide
Hassenort
NEUENDORF
Schwarzer Peter
Gellen
Klimphores-Bucht

Bessin

Vitter Bodden

Fährinsel

SANDPLATTE MIT STRANDWÄLLEN

Als vor etwa 6.000 Jahren der Meersspiegel rasant anstieg, wurde das Hochland Hiddensees zur Insel. Alsbald begann das Meer an ihr zu arbeiten. Es trug an den Steilufern große Mengen von Lockermaterial ab und schüttete südlich der Insel – etwa bis zum heutigen südlichen Ortsrand von Neuendorf – eine gewaltige Sandplatte auf. Nachdem vor ca. 2.000 Jahren der heutige Meeresspiegel erreicht war, bildeten sich auf ihr im folgenden Jahrtausend bei Sturmfluten flache, bis zu zwei Meter hohe Strandwälle aus Kies und Geröll. Deren heute noch erkennbarer Verlauf wurde durch die Untiefe eines einstigen flachen Inselkerns bestimmt. So entstand das alte Flachland, das in dieser Zeit teilweise mit Dünen bedeckt wurde. Auf den Strandwällen baute man später die Siedlungen.

großes Foto: Das alte Flachland erstreckt sich zwischen Kloster und Neuendorf.

VON STRANDWÄLLEN BEDECKT

Die Fährinsel an der schmalsten Stelle zwischen Hiddensee und Rügen war einst ein wichtiger „Brückenpfeiler" der Verbindung zur Insel. Ursprünglich hatte hier die Eiszeit einen Hügel hinterlassen. Während des Meeresspiegelanstiegs wurde er zu einer niedrigen, später überspülten Insel. Auf ihr und an ihrem Ufer bildeten sich die auch heute noch teilweise unbewachsenen Strandwälle aus Kies und Geröll. Zusammen mit dem Bewuchs aus Wacholderbüschen verleihen sie der Insel einen ganz eigenen Charakter. Die Fährinsel wird heute beweidet, darf aber nicht betreten werden.

großes Foto: Fährinsel und Teile der Dünenheide im September 2022

Strandwall und Wacholderbestand auf der Fährinsel (Foto: Jürgen Reich)

Fährinsel

Furt

Dünenheide

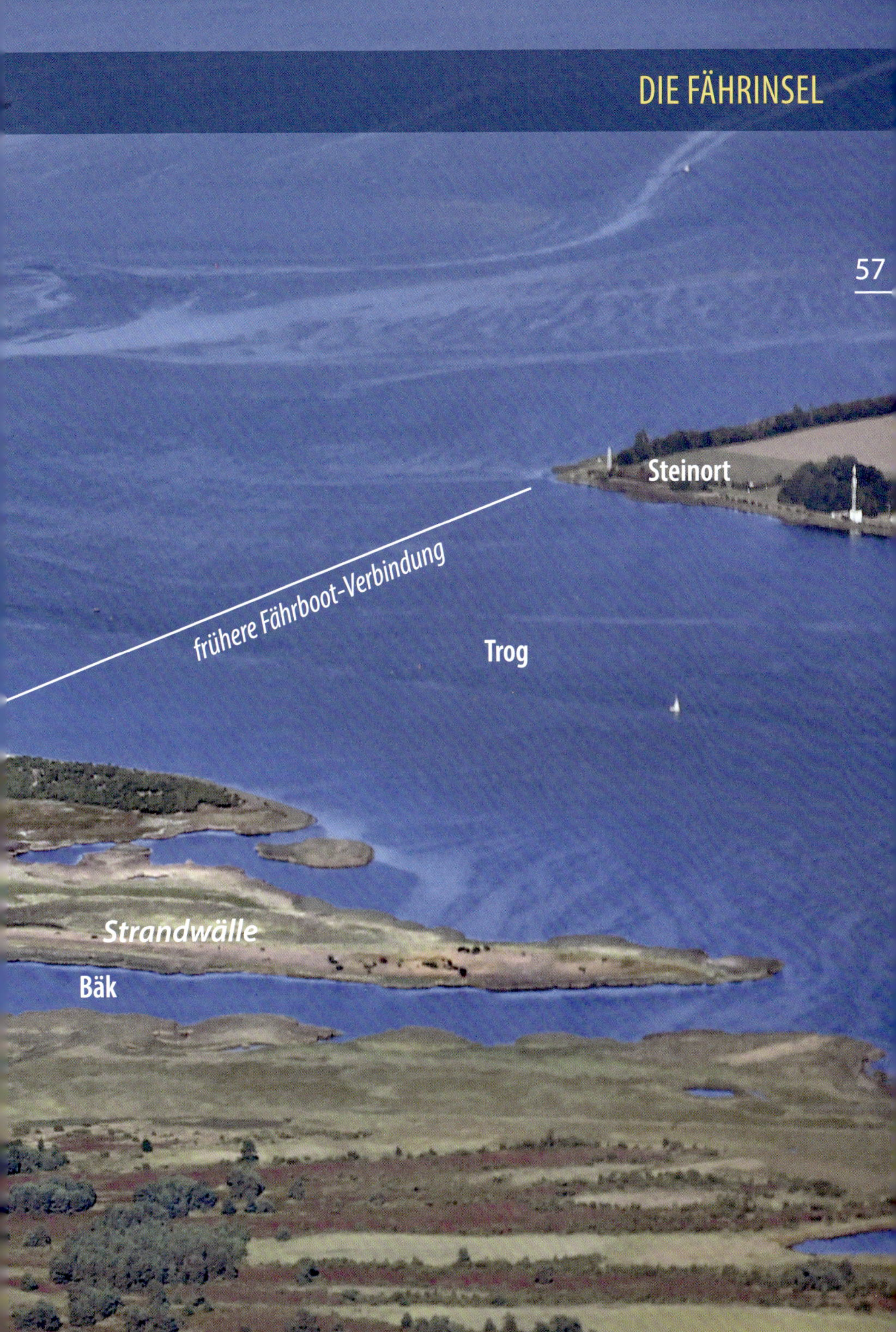
Steinort
frühere Fährboot-Verbindung
Trog
Strandwälle
Bäk

EINZIGARTIG AN DER KÜSTE

Die ausgedehnte Dünenheide zwischen Vitte und Neuendorf gilt als größte Heidelandschaft an der deutschen Küste. Dieses Dünengebiet auf alten Strandwällen war ursprünglich mit Kiefernwald bewachsen. Der aber wurde bereits im Mittelalter größtenteils gerodet und das Areal über die Jahrhunderte intensiv beweidet. Daher wuchs hier kein Wald mehr, sondern eine charakteristische Zwergstrauchheide, in der die Besenheide dominiert.

großes Foto: Heideblüte in einem trockenen Sommer (Luftbild September 2022)

Frühling in der Dünenheide mit Birkengrün und noch kahler Besenheide im Vordergrund.

Erst im Spätsommer entfaltet die Dünenheide ihre ganze Blütenpracht.

Fährinsel
Heiderose
Hassenort

KULTURLANDSCHAFT

Die Dünenheide ist keine unberührte Natur, sondern eine Weidelandschaft, indirekt vom Menschen gestaltet – durch den beständigen Biss und Tritt seines Weideviehs. Sobald diese Nutzung eingestellt wird, überaltern die Zwergsträucher und sterben ab. Bäume und Büsche siedeln sich an. Alsbald verliert die Landschaft ihren besonderen Charakter. Um ihn zu erhalten, muss man Pflegemaßnahmen ergreifen, z. B. Heideflächen verjüngen oder unwillkommene Gehölze roden. Das geschieht zeitweise in dieser Pflegezone des Nationalparks.

großes Foto: Heideblüte im August 2013

Besenheide blüht im August/September. Dann liegt ihr süßer Duft über der Landschaft.

Krähenbeeren haben nur winzige, unscheinbare Blüten, dafür aber große, schwarzglänzende Beeren.

Die Kriech-Weide wächst an etwas feuchteren Stellen und blüht bereits, stark duftend, im April/Mai.

RÖHRICHTGÜRTEL

Die Ufer der flachen Bodden verlanden. Dort bilden sich im Winterhalbjahr Spülsäume aus abgestorbenen Algen und Pflanzenresten. Dieses organische, nährstoffreiche Angespül verwest oder verfault. Es bildet eine ideale Grundlage für das üppige Wachstum jener Pflanzen, die nasse, leicht salzige Standorte bevorzugen. Von ihnen wächst das Schilf am besten und verdrängt mit seinen hohen, dichten Beständen in der Regel die meisten anderen Pflanzen. Deshalb nennt man den Röhrichtgürtel oft einfach auch Schilfgürtel. Die prächtig blühende Salzaster und die Strandsimse sind weitere Charakterpflanzen des Röhrichtgürtels.

großes Foto: Röhrichtgürtel mit blühenden Salzastern vor Neuendorf

Salzaster

Strandsimse

SALZWIESEN

Am Boddenufer gibt es breite Verlandungsareale. Werden sie regelmäßig beweidet, so wächst hier kein Röhrichtgürtel. Unter dem Tritt und Biss von Kühen und Schafen entstehen kurzrasige Feuchtwiesen (Küstenüberflutungsmoore). Sie werden bei Hochwasser vom schwach salzigen Boddenwasser überspült. Weil auf ihnen zahlreiche Salzpflanzen wachsen, nennt man sie einfach Salzweiden. Durch rasch abströmendes Wasser bilden sich die charakteristischen Wiesenpriele. Eingedeichte Flächen sind durch Siele mit dem Bodden verbunden, sodass der für den Erhalt der Salzwiesen wichtige Wasseraustausch möglich ist.

großes Foto: Die naturnahen Salzwiesen zwischen Kloster und Vitte gehören zum Nationalpark und werden gezielt beweidet.

Boddendeich

Verlandungszone bei Vitte. – Sie war früher eingedeicht und melioriert, jetzt wird sie renaturiert.

Blick vom Boddendeich über die Salzweiden mit Wiesenprielen zwischen Kloster und Vitte

Vitter Bodden
Siel
Salzweiden mit
Wiesenprielen
alte Strandwälle
Außendeich
NATIONALPARKHAUS
Ausstellungen
Außenstrand
Ostsee

DER GELLEN

Schwarzer Peter
Gellenfeuer
Klimphores-Bucht
Gellenwald
Karkensee
Gellenrinne
Gellerhaken

BEI STURMFLUTEN AUFGESCHÜTTET

Der in den vergangenen ca. 1.000 Jahren vom Meer aufgebaute Gellen nimmt fast ein Drittel der Länge des Flachlandes südlich vom Dornbusch ein. Er misst vom Schwarzen Peter bis zur Südspitze sechseinhalb Kilometer. Im 13. Jahrhundert lag seine Spitze auf Höhe des Karkensees. Danach hinterließ jede schwere Sturmflut einen der deutlich erkennbaren, langen, schmalen, leicht bogenförmigen Strandwälle aus grobem Sand und Kies. Das feinere Material wurde auf der Gellenschaar abgelagert. Heute ist die Südspitze des Gellen so weit an die Gellenrinne herangerückt, dass keine neuen Strandwälle entstehen. Das Areal südlich des Gellenwaldes ist Kernzone des Nationalparks und mit Magerrasen, Zwergsträuchern, Wacholderbüschen und niedrigen Kiefern bewachsen.

großes Foto: Luftbild vom September 2022

Neuendorf

Gänsewerder

Das Gellenfeuer ist ein Quermarkenfeuer, also kein „echter" Leuchtturm. Es steht an der schmalsten Stelle des Gellenwaldes.

Östlich des Gellen liegt das Flachwasser der Gellenschaar – eine riesige, bei Sturmfluten aufgeschüttete Sandplatte

ZWISCHEN GELLEN UND BOCK

Der Gellen und die Insel Bock sind heute so dicht gegeneinander gerückt, dass man bei weiter fortschreitender Dynamik ein Zusammenwachsen erwarten könnte. Einerseits herrschen jedoch in der Gellenrinne oft starke Ausgleichsströmungen zwischen Meer und Bodden, die das verhindern. Andererseits baggert man die Rinne zur Gewährleistung der Schifffahrt etwa alle drei Jahre aus. So bleibt die wichtigste Verbindung zwischen Ostsee und Westrügenschen Bodden/Strelasund weiterhin offen.

großes Foto: Gellen, Bock und Sandplatten (Luftbild September 2022)

Heuwiese
Kubitzer Bodden
Geller Haken
Gellenrinne
Bock
Windwatt

DER GELLEN

DÜNENKLIFF AM GELLEN

Südlich des Gellenwaldes bleibt das Ufer allein der Natur überlassen. Hier kann sich die Küstendynamik frei entfalten. Das Meer schneidet bei jeder Sturmflut die einst von ihm aufgeschütteten und mit Dünen bedeckten Strandwälle „scheibchenweise" zurück. Dabei entsteht ein Dünenkliff. Der abgetragene Sand wandert zur Südspitze. Früher bildete er dort neue Strandwälle. Weil die Spitze aber inzwischen ganz nah an die Gellenrinne herangerückt ist, landet der abgetragene Sand heute auf ihrem Grunde oder auf der Gellenschaar.

großes Foto: Dünenkliff am Außenstrand des Gellen – Blick zur Südspitze

Der schmale Strand und der Grund des Flachwassers an der Gellenspitze bestehen aus Kies und grobem Sand.

AUF GELLEN UND BESSIN

SIE BRÜTEN ODER RASTEN HIER

Auf dem Zug rasten viele Schnepfenvogelarten am Strand und im Watt, um das reiche Nahrungsangebot zu nutzen. Auch Möwen und andere Vögel sind hier bei der Rast und Futtersuche anzutreffen. Ebenso späht hier der Seeadler nach Nahrung. Seeschwalben und Regenpfeifer haben sich an diesen Lebensraum besonders angepasst. Sie brüten und ziehen hier ihre Jungen auf.
Durch den Tourismus gibt es heute kaum noch ungestörte Strandabschnitte wie die am Bessin oder am Gellen. Deshalb sind solche geschützten Bereiche im Nationalpark, die man nicht betreten darf, für diese Vogelarten von besonderer Bedeutung.

großes Foto: Windwatt auf der Gellenschaar bei Windebbe – ähnliche Situationen gibt es auf der Bessinschen Schaar.

**Fotos: Jügen Reich*

Seeadler*

Zwergseeschwalbe*

Silbermöwe

Küstenseeschwalbe*

Brandgans*

Sandregenpfeifer

SANDHAKEN IM DOPPELPACK

Aus dem vom Dornbuschkliff abgetragenen Sand entstand über acht Jahrhunderte der Alte Bessin. Er besaß bereits um 1885 seine heutige Länge von 3,4 km. Etwa ab 1900 baute sich dann ein neuer Sandhaken, der Neue Bessin, in etwas anderer Richtung auf – oft mit erheblicher Geschwindigkeit. Er wuchs maximal 72 m pro Jahr und erreichte bereits um 1998 etwa die gleiche Länge wie der Alte Bessin. Der Neue Bessin ist bis zu einer deutlichen Kante dicht bewachsen. Davor und an seiner Außenseite haben sich im Laufe der vergangenen vier Jahrzehnte neue „Anhängsel" gebildet – kleinere Sandhaken. Die an der Außenseite entstanden erst nach 2015.

großes Foto: Bessine und Dornbusch (September 2022)

Bessinsche Schaar

Momentaufnahme: Die Inselchen auf der Bessinschen Schaar und der Sandhaken am Neuen Bessin sind rasch bewachsen, da es längere Zeit keine Sturmflut gab. (September 2022)

Dornbusch

GRIEBEN

Enddorn

Alter Bessin

Neuer Bessin

Libben

Diese Schrägluftbilder des Bessin vermitteln Eindrücke seines Zustands vom Herbst 2022. Alter und Neuer Bessin erscheinen „fertig" und vollständig bewachsen. Auch die neu gebildeten Sandhaken zeigen – so wie auch die kleinen, bereits landfest gewordenen Inselchen auf den Sandbänken der Bessinschen Schaar – stellenweise bereits Bewuchs. Aber schon die nächste Sturmflut könnte dieses Bild stark verändern.

DER BESSIN

Neuer Bessin

WERTVOLLES VOGELSCHUTZGEBIET

Der Bessin befindet sich – im Vergleich zum Gellen – in ganz anderer Position. Er liegt oft im Windschatten des Dornbusches. So entstand hier kein System gestaffelter Strandwälle. Es wuchsen vielmehr langgestreckte, von niedrigen Dünen bedeckte Sandhaken. Algen von den Steingründen vor dem Dornbuschkliff sowie Seegras wurden reichlich angespült. Durch diesen Nährstoffreichtum bewuchsen die Sandhaken viel schneller, stärker und anders als der Gellen. Charakteristisch sind Sanddorndickichte. Der Bessin ist ein besonders wertvolles Brut- und Rastgebiet für Vögel und auch deshalb Kernzone des Nationalparks.

großes Foto: Luftbild vom September 2022

Auf dem Neuen Bessin: Breite Strände, bewachsene Dünen, Sanddorndickichte und Röhrichtgürtel an anderer Stelle sind Brut- und Rastareale verschiedenster Vogelarten.

Alter Bessin

0 1.000 m

Neuer Bessin

Alter Bessin

Anlandung
1886 - 2008

Alter Bessin: 3,4 km, Neuer Bessin: 3.7 km
Situation 2008

SANDDORNZEIT – VORBEI?

Die mit Beeren dicht bepackten dornigen Zweige des Sanddorns leuchten im Herbst an vielen Stellen der Insel aus dem Ufergebüsch. Auf dem Bessin wachsen die größten Bestände. Der ursprünglich aus Zentralasien stammende Strauch wurde systematisch zur Uferbefestigung angepflanzt. Inzwischen hat er sich an vielen Stellen, besonders eben am Bessin, von allein ausgebreitet.

Eine mysteriöse Erkrankung führte in den vergangenen Jahren an vielen Stellen, leider auch auf Hiddensee, zum Ausfall der Beerenbildung oder sogar zum Absterben der Sträucher. Die weitere Entwicklung ist nicht absehbar.

großes Foto: Sanddorngebüsch mit reifen Beeren am Neuen Bessin

Die winzigen in diesen Beeren eingeschlossenen Kerne sind im Winter die Nahrung vieler Singvögel.

Undurchdringliches Sanddorndickicht an der Wurzel des Neuen Bessin (Luftbild Juli 2013)

ZU HAUSE AM MEER

Rolf und Inge Reinicke

Fotos, Bücher und Vorträge von Rolf Reinicke
www.kuestenbilder.de

Rolf Reinicke (geb. 1943) gilt als erfahrener Geologe und exzellenter Landschaftsfotograf. Für alle seine zahlreichen Bücher – so auch für dieses – lieferte er sowohl die Fotos als auch die Texte. Seine Ehefrau **Inge Reinicke** hatte das Lektorat. Sohn **Matthias Reinicke,** Grafik-Designer, steuerte die Grafiken bei.

Rolf Reinicke zählt zu den besten Kennern von Natur und Landschaft an der Ostsee. Zusammen mit seiner Frau ist er vier Jahrzehnte lang oft und weit an der Küste gewandert – besonders auf Hiddensee. Von diesen Exkursionen und von diversen Fotoflügen stammen die Fotos in diesem Buch.

Bücher von Rolf Reinicke im Demmler Verlag

Steine am Ostseestrand
7. Auflage 2021
ISBN 978-3-910150-75-1

Funde am Ostseestrand
3. Auflage 2021
ISBN 978-3-910150-76-8

Pflanzen am Ostseestrand
2. Auflage 2020
ISBN 978-3-944102-13-9

Fossilien am Ostseestrand
2. Auflage 2022
ISBN 978-3-944102-36-8

Sand & Dünen am Ostseestrand
1. Auflage 2019
ISBN 978-3-944102-30-6

Feuersteine Hühnergötter
4. Auflage 2019
ISBN 978-3-910150-78-2

Rügen – Strand und Steine
7. Auflage 2021
ISBN 978-3-944102-00-9

Strandschätze
3. Auflage 2019
ISBN 978-3-944102-26-9

Der Darß
1. Auflage 2022
ISBN 978-3-944102--46-7

Bild-Textband
Geologie & Landsschaft M-V
2. Auflage 2023
ISBN 978-3-944102-57-3

Bild-Textband **Mare Balticum**
1. Auflage 2018
ISBN 978-3-944102-25-2